口袋书

电力安全生产系列画册

液氨安全使用与管理

马 琳 李程鹏 费永胜 编

中国电力出版社
CHINA ELECTRIC POWER PRESS

图书在版编目（CIP）数据

电力安全生产系列画册：口袋书. 液氨安全使用与管理 / 马琳，李程鹏，费永胜编. —北京：中国电力出版社，2019.5
ISBN 978-7-5198-3164-6

Ⅰ.①电… Ⅱ.①马… ②李… ③费… Ⅲ.①电力工业–安全生产–画册②液氨–安全管理–画册 Ⅳ.① TM08-64 ② O613.61-64

中国版本图书馆 CIP 数据核字（2019）第 095169 号

出版发行：中国电力出版社
地　　址：北京市东城区北京站西街 19 号（邮政编码 100005）
网　　址：http://www.cepp.sgcc.com.cn
责任编辑：宋红梅（010-63412383）
责任校对：黄　蓓　朱丽芳
装帧设计：赵姗姗
责任印制：吴　迪

印　　刷：北京瑞禾彩色印刷有限公司
版　　次：2019 年 6 月第一版
印　　次：2019 年 6 月北京第一次印刷
开　　本：64
印　　张：2
字　　数：48 千字
印　　数：0001—2000 册
定　　价：28.00 元

　　安全生产是火电厂永恒的主题，是提高经济效益的保证和基础。认真执行"安全第一，预防为主，综合治理"的方针，千方百计做好各项安全工作，保证安全生产是所有火电厂员工的神圣职责。"预防为主"，除了思想上重视，还必须具备相关的安全知识。多少悲惨的教训使人们认识到，缺乏必要的安全知识是产生事故的重要原因。

　　液氨作为脱硝系统一种常用的脱硝剂，在火力发电厂中应用广泛，其储量超过 10 t 即为重大危险源。若发生液氨泄漏，不易控制，易引起较大事故，给人民生命财产带来巨大损失，造成恶劣社会影响。

　　本书通过文字和图片相结合的方式，介绍了液氨系统安全设计、运行管理、检修管理、应急管理等安全生产标准化规范和日常安全生产监督管理规范，并列举了典型事故案例。

本书对火电厂液氨安全使用与管理有较好的指导意义。本书供电力基层班组安全员及安全监督人员等学习参考。

编者

2019.4

目 录

前言

第一章 概 述

液氨是无色的液体，具有腐蚀性，易挥发，极易溶于水，一般存放于液氨储罐中。遇高热，容器内压增大，有开裂和爆炸的危险。人直接接触液氨可引起严重冻伤。

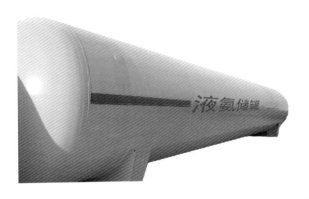

液氨汽化形成氨气，氨气与空气混合能形成爆炸性混合物，爆炸浓度范围 15% ~ 30.2%，若遇明火能引起燃烧或爆炸。

氨气属于有毒气体，无色，有刺激性恶臭，极易溶于水。液氨或高浓度氨气可引起严重咳嗽、支气管痉挛、急性肺水肿，甚至会造成失明和窒息死亡。

二、液氨在火力发电厂脱硝系统的应用

液氨作为脱硝系统一种常用的脱硝剂，在火力发电厂中应用广泛，液氨储量超过 10 t 即为重大危险源。发生泄漏时，不易控制，易引起较大事故，给人民生命财产带来巨大损失，造成恶劣社会影响，必须引起高度重视。

$$NO_x + NH_3 \xrightarrow{\text{催化剂}} N_2 + H_2O$$

利用液氨作为还原剂的脱硝系统中，液氨接卸、储存以及制备氨气的区域统称为氨区，氨区设备安全可靠运行，是保证社会、企业安全生产的前提。

第二章　液氨系统安全设计

一、总平面布局

（1）氨区应单独布置，建在地势平坦、通风顺畅的地段，且布置在厂区边缘。与氨区无关的管线、输电线路严禁穿越该区域。

（2）氨区应避开人员集中的活动场所，并应布置在该场所及其他主要生产设备区全年最小频率风向的上风侧。

（3）对位于山区或丘陵地区的电厂，氨区不应布置在窝风地段。

（4）氨区不宜紧靠排洪沟布置。

（5）氨区宜远离厂内湿式冷却塔布置，并宜布置在湿式冷却塔全年最小频率风向的上风侧。与循环冷却水系统冷却塔相邻布置时，液氨储罐与循环冷却水系统冷却塔的距离不应小于 30m，防止污染循环水。

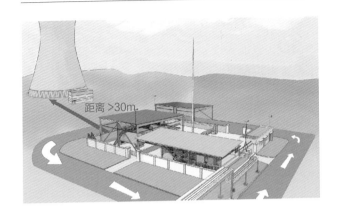

（6）液氨储罐与厂内消防泵房（外墙）、消防水池（罐）取水口之间的距离不应小于 30m。

（7）氨区（包括接卸区）的雨水收集系统应单独设置，应汇入液氨应急废水池，不得流入厂区雨水系统，防止发生污染事件。

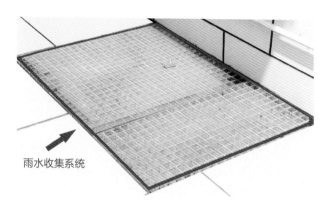

雨水收集系统

（8）氨区与邻近居住区或村镇和学校、公共建筑、相邻工业企业或设施、交通线、临近江河湖泊岸边以及临近明火、散发火花地点和液氨区外建（构）筑物或设施等之间的防火间距应符合《火力发电厂烟气脱硝设计技术规程》（DL/T 5480—2013）规定的距离要求。液氨区与邻近区域或设施的防火间距见表 2-1。

表 2-1　液氨区与邻近区域或设施的防火间距　　　　　　　　　　　　（m）

项　目	液氨储罐				卸氨区
	30 < V ≤ 50 V ≤ 20	50 < V ≤ 200 V ≤ 50	200 < V ≤ 500 V ≤ 100	500 < V ≤ 1000 V ≤ 200	
居住区、村镇和学校、影剧院、体育馆等重要公共建筑（最外侧建筑物外墙）	34.0	37.0	52.0	67.0	30.0
工业企业（最外侧建筑物外墙）	20.0	22.0	26.0	30.0	15.0
明火和散发火花地点、室外变电站、配电站（围墙）	34.0	37.0	41.0	45.0	25.0
民用建筑，甲、乙类液体储罐，甲、乙类仓库（厂房）稻草、麦秸、芦苇、打包废纸等材料堆场	30.0	34.0	37.0	41.0	25.0
丙类液体储罐，可燃气体储罐，丙、丁类厂房（仓库）	24.0	26.0	30.0	34.0	15.0

续表

项目		30<V≤50 (V≤20)	50<V≤200 (V≤50)	200<V≤500 (V≤100)	500<V≤1000 (V≤200)	氨区
助燃气体储罐、木材等材料堆场		20.0	22.0	26.0	30.0	15.0
其他建筑 耐火等级	一、二级	13.0	15.0	16.0	19.0	10.0
	三级	16.0	19.0	20.0	22.0	12.0
	四级	20.0	22.0	26.0	30.0	14.0
厂外公路、道路 (路边)	高速、Ⅰ级、城市快速 Ⅱ级	20.0		25.0		15.0
	Ⅲ、Ⅳ级	20.0				
架空电力线(中心线)		1.5倍杆高				

项目		液氨储罐				卸氨区
		30<V≤50 / V≤20	50<V≤200 / V≤50	200<V≤500 / V≤100	500<V≤1000 / V≤200	
架空通信线（中心线）	I、II级	22.0	22.0	30.0	30.0	15.0
	III、IV级	20.0	20.0	20.0	20.0	15.0
厂外铁路（中心线）	国家铁路线	45.0	45.0	52.0	60.0	40.0
	厂外企业铁路专用线	25.0	25.0	30.0	35.0	25.0
国家或工业区铁路编组站（铁路中心线或建筑物）		45.0	45.0	52.0	60.0	40.0
通航江、河、海岸边		25.0	25.0	25.0	25.0	20.0
装卸油品码头（码头前沿）		52.0	52.0	52.0	52.0	45.0

续表

项 目		液氨储罐				卸氨区	
		$30 < V \leqslant 50$	$50 < V \leqslant 200$	$200 < V \leqslant 500$	$500 < V \leqslant 1000$		
		$V \leqslant 20$	$V \leqslant 50$	$V \leqslant 100$	$V \leqslant 200$		
地区输气管道（管道中心）	埋地	22.0					
	地面	34.0					
地区输油管道	原油及成品油（管道中心）	埋地	22.0				
		地面	34.0				
	液化烃（管道中心）	埋地	45.0				
		地面	67.0				

注 V 为液氨储罐总几何容积，V' 为单罐几何容积，单位均为 m³。

（9）氨区与厂内露天卸煤装置外缘或贮煤场边缘之间的防火距离不应小于 15m，贮存褐煤时不应小于 25m。

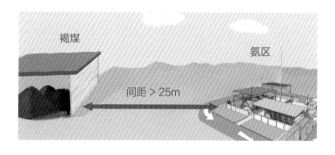

（10）液氨储罐附近的厂内建筑物出入口设置宜背向液氨储罐。

（11）发电厂氨区、制（供）氢区、燃油罐区三者之间的间距宜大于500m，规避构成危险化学品重大危险源单元的条件。

（12）氨区围墙内不宜绿化，围墙外的绿化不应种植含油脂较多的树木，宜选择含水分较多的树种，周边的绿化不应妨碍消防操作。

（13）氨区地面道路应采用现浇混凝土地面，并采用不产生火花的路面材料；储罐区防火堤内宜铺耐酸碱地砖。

（14）液氨区内各设施与围墙、道路之间的防火间距应符合《火力发电厂烟气脱硝设计技术规程》（DL/T 5480—2013）规定的距离要求，见表2-2。

表2-2　　液氨区内各设施与围墙、道路间的防火间距

(m)

项目		液氨区内各设施					
		汽车卸氨鹤管	氨压缩机	液氨储罐	液氨输送泵	液氨蒸发器	氨气缓冲罐
围墙	液氨区围墙	10	10	10	5	5	5
	厂区围墙（中心线）或用地边界线	15	15	20	15	15	15
道路（路边）	液氨区内道路	—	—	12	5	5	5
	液氨区外道路　主要	15	15	15	15	15	10
	次要	10	10	10	10	10	5

注：1. 液氨区外道路特指位于发电厂内的道路。
　　2. 表中"—"表示无防火间距要求。

二、安全设施配置

（1）储氨区应设置不低于 2.2m 高的不燃烧体实体围墙，当利用厂区围墙作为储氨区的围墙时，该段厂区围墙应采用不低于 2.5m 高的不燃烧体实体围墙。

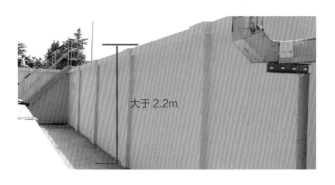

大于2.2m

（2）氨区墙外四周应有醒目的"氨区重地 30m 内严禁烟火"标识，通往氨区的主要道路在距离氨区 30m 处，应在地面上设置明显的标识，提醒人员注意已经接近氨区。

（3）在氨区或附近主要路口，设置"液氨泄漏应急疏散示意图"，指明疏散道路和方向。氨区内应设置明显的应急疏散标识。

（4）氨区应设置两个及以上对角或对向布置的安全出口，安全出口门应向外开，应当设置紧急情况通道，人员可以疏散逃生。

（5）氨区入口处应装设静电释放装置，静电释放装置地面以上部分高度宜为1.0m，底座应与氨区接地网干线可靠连接。静电释放器与氨区电磁门锁联锁，进入人员未释放静电无法打开氨区入口门，同时联锁语音告知系统提示进入氨区人员注意事项。

（6）液氨接卸鹤臂加装闭锁，当液氨槽车有效连接静电释放器后，闭锁打开，人员方可进行鹤臂的操作，确保车辆有效释放静电。

（7）氨区内液氨储罐应设置备用罐，液氨罐的个数不宜少于2个，罐体颜色应为黄色，名称编号应为红色字体。

（8）液氨储罐上部应设置平台，平台应设置不少于两个方向通往地面的梯子，平台醒目位置配置适当数量的"当心坠落"警告标识牌。

（9）液氨储罐应有两点接地的静电接地设施，并设置断接卡，便于检测。

（10）储罐区、液氨蒸发区、液氨接卸区应设置遮阳棚等防晒措施，每个储罐应单独设置用于罐体表面温度冷却的降温喷淋系统。喷淋强度根据当地环境温度、储罐布置、装载系数和液氨压力等因素确定。

（11）氨区电气设备应满足《爆炸危险环境电力装置设计规范》（GB 50058—2014）。电气线路一般不应有中间接头，在特殊情况下，线路需设中间接头时，必须在相应的防爆接线盒内连接和分路。

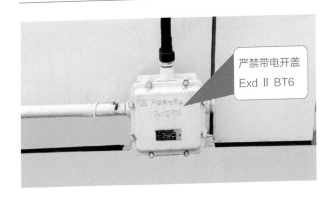

（12）氨区设备配置和系统应满足国家和行业有关技术标准和规范的要求，储罐应符合《固定式压力容器安全技术监察规程》（TSG 21—2016）等特种设备相关规定，装设液位计、压力表、温度仪、安全阀等监测装置；液氨接卸管道宜装设流速表，流速表与卸氨压缩机进行联锁，当液氨流速超过1m/s，联停卸氨压缩机，防止流速过快造成静电摩擦起火。

（13）氨区应符合火灾危险性乙类和抗震重点设防类标准和要求。

（14）氨区管道应能自由膨胀，并采取防振、防磨措施。液氨管道不应靠近蒸汽管道等热管道布置，也不应布置在热管道的正上方。

（15）氨管道上的阀门不得采用闸阀，宜采用液氨专用阀，阀门材质宜选用不锈钢。

（16）氨区所有设备、管道应统一标出明显颜色，对管道内的介质流向做出明显标示。氨管道宜每隔20m设置"气氨管道 严禁烟火"警示标识牌，便于操作和事故处理。

（17）氨区的压力表、温度表、液位计应有明显范围标示，显示参数的正常范围，便于检查、巡视人员发现参数异常。

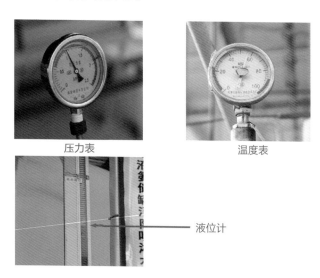

压力表

温度表

液位计

（18）氨气输送管道及其桁架跨厂内道路的净空高度不应小于 5m，桁架处应设醒目的交通限高标识和限高杆。管道应每隔 80~100m 设一接地点，并可靠接地。

（19）输氨管道应在适当的位置设跨桥，桥底面最低处距管顶（或保温层顶面）的距离不应小于80mm。

（20）氨区管道应具有良好的防雷、防静电接地装置，并定期进行检查、检测。

	接闪杆			≤10.0	4.0	合格	本体
	/	≥25×4	40×4	≤10.0	4.0	合格	铝地
			储氨区				
	液氨储罐区	/	/	≤10.0	1.2	合格	凉棚立柱
	/	/	/	≤10.0	1.2	合格	凉棚立柱
	/	/	/	≤10.0	1.2	合格	凉棚立柱
	/	/	/	≤10.0	1.2	合格	凉棚立柱
	接闪杆	/	/	≤10.0	2.6	合格	本体
	/	/	/	≤10.0	2.6	合格	接地
			油库				
				≤10.0	2.8	合格	本体

（21）氨区管道严禁作为导体和接地线使用。

（22）输氨管道法兰、阀门连接处应装设铝质或不锈钢材质金属跨接线。

（23）与储罐相连的管道、法兰、阀门、仪表等的选择符合第四部分"管道、法兰、阀门、仪表选择标准"，并考虑相应的防腐蚀措施。

（24）与液氨储罐相连的管道、法兰、阀门、仪表等宜在储罐顶部及一侧集中布置，且处于防火堤内。

（25）氨区气动阀门应采用故障安全型执行机构，储罐氨进出口阀门应具有远程快关功能。

（26）氨区应设置不少于 2 个风向标，其位置应设在周围 300m 范围内人员能够明显看到的高处。氨区应设置风速、风向测量装置，数据远传至监控室，便于人员对现场情况的掌握。

（27）氨区应设置洗眼器、淋洗器等冲洗装置，其防护半径不宜大于15m。洗眼器、淋洗器应定期放水冲洗管路，保证水质、水压符合要求，寒冷时节应做好防冻措施。

（28）氨区是防火重点部位，入口应设置"未经许可　不得入内"、"禁止烟火"、"禁止带火种"、"禁止使用无线通信"、"禁止穿钉鞋"、"禁止穿化纤服装"、"防火重点部位"、"重大危险源告知"等标识。

（29）氨区入口应设置职业卫生公告牌，内容包括职业卫生管理制度、职业危害因素氨检测结果、职业卫生安全操作规程等。

（30）氨区入口应设置主要设备台账及定期工作公告牌，便于监督管理。

液氨罐区主要设备台账及定期工作

序号	设备名称	设备类别	发证日期	下次检验日期	注册代码	容积（m³）	工作压力（mpa）	工作介质
1	氮气缓冲罐/空气储罐	容 1C 台 A0012	2013.12.26	2021.12.25	2140C70182014030117	3.09	0.96	空气
2	A 液氨储罐	D 型 2MC 鲁 A00118	2013.12.26	2021.12.25	2140C70182014030118	70.3	2.32	液氨
3	B 液氨储罐	D 型 2MC 鲁 A00117	2013.12.26	2021.12.25	2140C70182014030112	70.3	2.32	液氨
4	C 液氨储罐	D 型 2MC 鲁 A00116	2013.12.26	2021.12.25	2140C70182014030116	70.3	2.32	液氨
5	A 氨气缓冲罐	D 型 2MC 鲁 A00115	2013.12.26	2021.12.25	2140C70182014030130	4.19	0.2-0.4	氨气
6	B 氨气缓冲罐	D 型 2MC 鲁 A00114	2013.12.26	2021.12.25	2140C70182014030169	4.19	0.2-0.4	氨气
7	C 氨气缓冲罐	D 型 2MC 鲁 A00113	2013.12.26	2021.12.25	2140C70182014030168	4.19	0.2-0.4	氨气

序号	设备系统	定期工作	责任部门	标准
1	氨气监测报警系统	每月试验一次	运行分场	试验监测报警功能，大于30Pa报警
2	消防喷淋系统	每月试验一次	运行分场	喷淋系统动作正常，喷淋液分布均匀
3	降温水喷淋系统	每月试验一次	运行分场	自动启动正常，喷淋均匀
4	避雷针及接地网	每年检测一次	检修分场	避雷针良好，接地阻值<1Ω，接地两路畅通
5	压力表	压力容器压力表每月进行一次，其他每半年检验一次	检修分场	
6	安全阀	每年校验一次	检修分场	
7	氨气泄漏报警仪	每年检测一次	检修分场	

（31）氨区入口应设置氨区出入安全管理规定及氨区防火管理规定。

液氨罐区管理制度

氨区出入安全管理规定

氨区防火管理规定

（32）氨区的主要设备阀门、压力表、液位计等处宜设置巡检注意事项或操作注意事项标识。

（33）氨区大门外侧应配置带有"火种箱"标识的火种箱。

三、安全防护用品和应急工器具配备

（1）氨区应配备必要的安全防护用品和应急物品，至少应配备正压式消防空气呼吸器、气密型化学防护服各两套，配备轻型防化服、过滤式防毒面具、化学安全防护眼镜各四套，配备防静电工作服四套，配备防静电手套、耐酸碱防护手套、防护靴各四副（双）。

（2）氨区应配备必要的专用工器具，至少应配备便携式氨气检测仪 2 台，便携式氧气检测仪 1 台，便携式测温仪 1 台，有色金属合金工具 1 套，防爆对讲机 2 台，手持式应急照明灯 2 个，手持式

高音喇叭 2 个，现场值班人员应配备防爆手电筒。

（3）氨区配备的安全防护用品和应急物资、工器具应定期进行检查、试验，确保良好备用：

1）正压式消防空气呼吸器：应每月进行检查，正压呼吸器外观良好，气瓶压力不低于 27MPa，每年至少进行一次正压式消防空气呼吸器的全面测试，每 3 年委托具有资质的单位对气瓶进行检验。超过 15 年的正压式消防空气呼吸器气瓶应进行报废处理。

2）气密性化学防护服：应根据说明书对防护服进行定期检查，检查防护服的搭扣、拉链、调节皮带和其他配件，能够正常工作；检查面罩密封是否可靠，并确保面罩内视线是否清晰。防护服应放置于干净且平整的表面，使用手电检查防护服表面是否存在破洞、切口或破损情况；每年检查防护服物理破裂的情况，将碘酒涂在可疑区域，再用干毛巾擦去多余碘酒，如果留有深咖啡色的印迹，说明防护层有破裂现象，此防护服为不合格。

3）防毒面具检查：应定期检查是否有裂痕、破口，面具与脸部贴合密封性；检查呼气阀片有无变形、破裂及裂缝；检查头带是否有弹性；检查滤毒盒座密封圈是否完好，滤毒盒是否在使用期内；检查确认面罩及导气管外观完好无破损。检查确认滤毒罐未超期，无受潮，无锈蚀。检查全套面具的气密性，将面罩和滤毒罐连接好，戴好面具后，用手或橡皮塞堵上滤毒罐进气孔，深吸气，如没有空气进入则此套面具气密性合格，否则应修理或更换。

四、消防及监控系统设计

（1）液氨罐区、液氨蒸发区、液氨接卸区的建筑物、构筑物耐火等级必须达到二级，符合《建筑设计防火规范》（GB 50016—2014）相关要求。

（2）储罐区四周应设置不低于1m的不燃烧实体防火堤，其有效容积应不小于储罐组内最大储罐的容量，并在不同方位上设置不少于2处越堤人行踏步或坡道。防火堤内可敷设耐酸碱瓷砖地面，坡度不宜小于0.5%。在堤内较低处设置集水设施，连接集水设施的雨水排出管道应从地面以下通出，堤外应设有可远方控制开闭的装置与之连接。开闭装置上应设有能显示其开闭状态的明显标识。

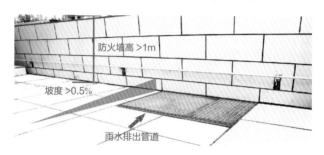

（3）进出罐区的各类管线、电缆，不宜在防火堤堤身穿过，应尽量从堤顶跨越或堤基础以下穿过。如不可避免，必须穿过堤身时则应预埋套管，且应采取有效的密封措施。

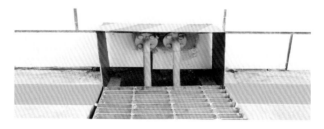

（4）卧式罐罐壁至防火堤基脚线的距离，不应小于3m。

（5）氨区四角宜布置消防水炮，消防水炮应设置安全操作平台，便于人员观察和操作，消防水炮采用直流／喷雾两用，能够上下、左右调节，能够覆盖氨区可能泄漏点。

（6）氨区应沿道路设置地上式消火栓，消火栓的间距不宜大于 60m，消火栓数量不少于两只，每只室外消火栓应有两个 DN65 内扣式接口。消火栓配套的消防水带箱配两支直流 / 喷雾两用水枪和两条 DN65 长度 25m 的水带。

（7）氨区内的消火栓、阀门、消防水泵接合器等设置地点应设置相应的永久性固定标识。

（8）液氨罐区、液氨蒸发区、液氨接卸区应单独设置喷淋系统，用于消防灭火和液氨泄漏稀释吸收，喷淋系统还应具备水幕隔离和远方操作功能。消防喷淋系统应综合考虑氨泄漏后的稀释用水量，并满足消防喷淋强度要求。

液氨罐区

液氨蒸发区

液氨接卸区

（9）消防喷淋系统不能满足稀释用水量的，应在可能出现泄漏点较为集中的区域增设稀释喷淋管道。

（10）储罐应设有必要的安全自动装置，当储罐温度和压力超过设定值时启动降温喷淋系统；液氨泄露检测超过设定值时启动消防喷淋系统。

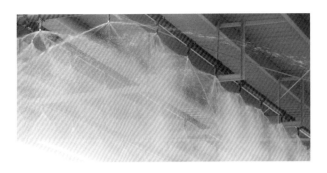

（11）事故报警系统启动，周边 500m 内居民和企业员工应能听到警鸣。

（12）氨气泄露检测装置应覆盖生产区，并具有远传、就地报警显示功能。

（13）氨区应设置能覆盖生产区的防爆型视频监视系统，视频监视系统应传输到本单位控制室（或值班室）。摄像头的安装高度应确保可以有效监控到储罐顶部。

（14）氨区应设置环形消防车道，保持畅通，道路路面宽度不低于4m，内缘转弯半径不宜小于12m，路面上净空高度不应小于5m，以确保消防车能正常作业。当受地形条件限制时，可沿长边设置宽度不小于6m的尽头式消防车道，并应设有回车场。

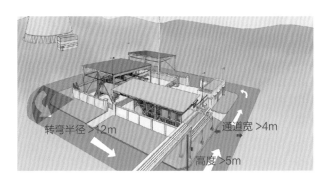

五、涉氨管道、法兰、阀门、密封垫片、仪表选用

（1）由于氨对铜有腐蚀作用，凡有氨存在的设备、管道系统不得有铜和铜合金材质的配件。

（2）氨区管道垫片禁止使用橡皮垫、塑料垫、铜质垫。

橡皮垫　　　　　　塑料垫　　　　　　铜质垫

（3）氨区所有阀门、法兰的跨接线应使用铝或不锈钢材料，防止腐蚀断裂。

不锈钢材质

（4）氨区所有涉氨的压力表、温度表均应采用氨专用仪表。

（5）氨区所有涉氨管道的法兰应采用带颈对焊凸面法兰，密封垫片应采用带定位环的金属缠绕垫。

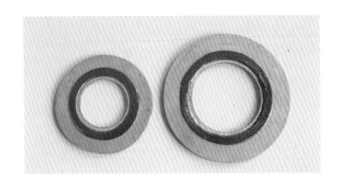

（6）涉氨管道、法兰、阀门、仪表选用标准
（表2-3）。

表2-3　　　　涉氨管道、法兰、阀门、仪表选用标准

序号	名称	最低温设计温度	
		>-20℃	≤-20℃
1	管道	20号钢或不锈钢	不锈钢
2	法兰	20号钢或不锈钢，带颈对焊突面法兰	不锈钢，带颈对焊突面法兰
3	氨用阀门	不锈钢	
4	密封垫片	不锈钢缠绕石墨或聚四氟乙烯垫片，石墨材质的应带外定位环，聚四氟乙烯材质的应带内定位环	
5	螺栓螺母	35CrMo或不锈钢	
6	仪表	氨专用仪表	

六、消纳吸收装置设计与原理

液氨汽化形成的氨气属于有毒气体，且易燃易爆。液氨储罐发生泄漏事故时，需要快速安全将罐内液氨进行转移和稀释。设置消纳吸收装置，可以迅速将液氨稀释成氨水，降低事故风险。

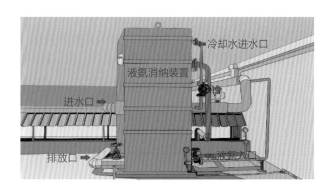

（1）消纳吸收装置原理：根据氨极易溶于水的特性，当出现液氨罐或管道泄漏，无法进行隔离时，用水对系统内的液氨进行稀释吸收，排放至专用蓄水池，最大限度减小液氨泄漏事故造成的影响。

（2）单个 70m³ 液氨罐的消纳吸收装置基本参数如下：消纳吸收装置设计每小时可吸收液氨 6t，每吨用水约 5~6t，氨区设计有 400m³ 蓄水池，按照单罐最大容量 35.7t（70×0.85×0.6=35.7）计算，可以满足一个液氨罐的泄漏量的存放。

（3）消纳系统操作：系统设计为全部远方操作，对人员的风险降至最低，系统在正常备用情况下，所有手动门在开启状态，气动门关闭。当需要启动系统时，远方按顺序依次打开冷却水至消纳气动门，工艺水至消纳装置气动门，液氨至消纳系统气动门后，启动消纳装置，进行液氨的吸收。

第三章　液氨系统运行管理

进入氨区运行人员应熟知氨区作业规程和应急措施，作业前应进行风险评估，并做好安全防护措施。

进入氨区应按规定进行登记，不得携带打火机等火种，手机、摄像器材等非防爆电子设备必须关机。非运行值班人员进入氨区，必须经过运行值班人员许可，并在运行值班人员监护下方可进入。

运行值班人员应每月检查试验两次氨气监测报警系统是否正常；每月检查试验两次消防喷淋系统、降温水喷淋系统，喷淋水压力要保证能正常喷淋，并做好检查记录。

一、定期巡检

（1）巡检人员穿防静电工作服、防静电工作鞋，佩戴防护眼镜和安全帽，携带防毒面具，使用的手电筒应为防爆型。

（2）巡检前，应在控制室检查储罐、蒸发器、缓冲罐远传压力、温度、液位无异常，无报警信号；就地显示氨区内氨气浓度小于 13.4mg/m³。（以单个 70m³ 液氨罐为例，液氨罐液位处于 15%~85% 之间，压力不大于 1.29MPa，温度不高于 36℃；液氨蒸发器液位大于 400mm，温度不高于 90℃；蒸发器出口氨气温度不低于 45℃；氨气缓冲罐出口压力维持在 0.2~0.4MPa。）

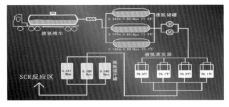

（3）检查便携式氨泄漏报警仪是否完好，可用测量瓶装氨水的方法进行检查。

（4）进入氨区前，远方观察就地风向标指向。

（5）检查氨区消防水压力正常，指针指在绿色区域。

（6）进入氨区前，应在出入口触摸静电释放装置释放静电。

（7）进入氨区内，应按照地面标注的巡检路线进行巡检，现场有氨味时，应中断巡检，立即汇报，严禁单人查漏。

（8）巡检时试验紧急冲洗装置出水正常；检查消纳装置各手动门处于打开状态，气动门关闭，水压正常。

（9）液氨罐区检查储罐外形完整，用便携式氨泄漏报警仪检测罐体侧阀门、法兰、焊缝无泄漏或使用酚酞检漏液检测；检查液氨储罐液位、压力、温度指示在绿色区域，数值与远方指示一致。

（10）检查氨气缓冲罐、液氨蒸发器压力表指示在正常范围，数值与远方指示一致；液氨蒸发器就地液位计指示在正常范围。

（11）系统重新投运后，应就地检查液氨蒸发器各阀门开关状态，液氨蒸发器入口 / 出口关断阀、蒸汽入口关断阀、蒸汽调节阀处于打开位置。

二、液氨接卸

（1）液氨接卸至少需要四人进行作业，运行人员一人操作一人监护，押运人员一人操作一人监护。

（2）作业人员穿防静电工作服、防静电工作鞋，佩戴防护面罩、橡胶手套；操作人员操作手动门时应戴防毒面具。

（3）接卸前，作业人员应在控制室远方检查储罐、蒸发器、缓冲罐远传压力、温度、液位无异常，无报警信号，检查各液氨储罐液位，确定需要充装的罐体编号。

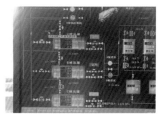

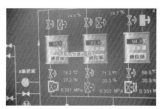

（4）检查便携式氨泄漏报警仪是否完好，可用测量瓶装氨水的方法进行检查。

（5）接车人员在厂区出入口检查运送液氨人员，应随车携带运输许可证、罐车使用证、罐体检验合格证、驾驶员证、押运员证。

（6）接车人员用便携式氨泄漏报警仪检查运送液氨槽车无泄漏点；液氨罐车颜色、环表色带是否符合国家色标要求；罐车警示灯具、标识符合国家要求；罐体告示牌符合国家要求；罐体外观无损伤；液氨罐车静电接地装置完好；液氨罐车阻火设备完好；液氨罐车压力表完好；液氨罐车安全阀完好；液氨罐车液位计指示正确；液氨罐车内压力符合安全指标；液氨罐车安全检验日期在有效期内。

（7）引领液氨槽车进入厂区，按照规定路线驶向氨区，不得超速，不得随意停车；进入氨区前，远方观察就地风向标指向。

（8）液氨槽车停放到指定位置，手刹制动、熄火，车钥匙交值班人员保管，驾驶员离开驾驶室，押运员用垫木将槽车固定好。

（9）所有人员触摸静电释放装置释放静电，检查氨区消防水压力正常，指针指在绿色区域。

（10）进入氨区，检查液氨罐两侧就地液位计指示与远方数值一致，且在蓝色区域，具备充装条件。确认液氨消纳装置正常备用。确认氨区废水排放系统投入自动。试验液氨喷淋系统工作正常，确认氨罐降温喷淋系统投入自动。确认氨泄漏报警自动喷淋系统投入自动。确认卸氨气液相连通门关闭。

（11）槽车押运人员连接装卸台与车辆的静电接地线，进行槽车静电释放，槽车静电未完全释放，鹤壁电磁闭锁装置无法打开，鹤壁无法操作。

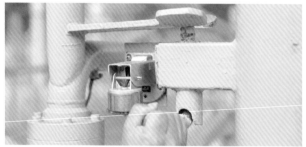

（12）槽车押运人员负责连接车上设备与卸氨臂。

（13）开启液氨槽车卸氨至液氨罐一次门。

（14）运行人员开启液氨罐回气至液氨槽车二次门。检查确认液氨槽车卸氨至液氨罐二次门开

启。检查确认液氨罐回气至液氨槽车一次门开启。
检查确认备用罐液氨入口快关门、气氨出口快关
门关闭。检查确认待充装罐液氨入口快关门前截
门、快关门后截门开启，打开待充装罐液氨入口快
关门。检查确认待充装液氨罐气氨出口快关门前截
门、快关门后截门开启，打开待充装罐气氨出口快
关门。打开卸氨鹤臂液相快装接头前球阀。

（15）槽车押运人员缓慢打开液氨槽车上液相
球阀，使液氨槽车与液氨罐相连通。

（16）检查槽车内液氨向液氨罐卸料时无任何
泄漏现象。

（17）当液氨罐与槽车的压力基本平衡时，准备启动卸氨压缩机。打开卸氨鹤臂气相快装接头前球阀。缓慢打开液氨槽车上气相球阀（此步骤由槽车押运员操作），检查气相管道无氨泄漏。

（18）检查卸氨压缩机达到启动条件，开启卸氨压缩机放液门放净存液后关闭。检查确认卸氨压缩机旁路门关闭。

（19）缓慢打开卸氨压缩机进口手动门、出口手动门，确认四通阀指向"正位"。

（20）卸氨压缩机启动，开始向槽车加压进行卸氨；在卸氨压缩机启动后，检查进口压力小于 1.6MPa，出口压力小于 2.4MPa，出口温度小于 110℃；注意检查压缩机出口压力与槽车压力差不大于 0.3MPa。

（21）当充装罐液位高度达到报警值或槽车时液位显示零时，停止卸氨压缩机并停电，关闭卸氨压缩机进口手动门、出口手动门，开启卸氨压缩机放液门放净存液后关闭。关闭液氨槽车上气相球阀（该门由槽车押运员操作）。

（22）关闭液氨槽车上液相球阀（该门由槽车押运员操作）。

（23）关闭卸氨鹤臂液相快装接头前球阀。关闭卸氨鹤臂气相快装接头前球阀。关闭充装液氨罐气氨出口快关门。关闭充装液氨罐液氨入口快关门。关闭液氨槽车卸氨至液氨罐一次门。关闭液氨罐回气至液氨槽车二次门。开启卸车管道排放二次门。打开气相管道排放一次门，管道消压到零后关闭一次门。打开液相管道排放一次门，管道消压到零后关闭一次门。关闭卸车管道排放二次门。

（24）槽车押运人员负责断开车上设备与卸氨臂。

（25）卸氨结束，应静置 10min 后才可拆除槽车与卸料区的静电接地线，挪开固定车辆的垫木。

（26）液氨卸料时，液氨押运人员不得擅自离开操作岗位。应经常观察风向标，站在上风向位置。

三、液氨储罐倒罐停运操作

（1）液氨储罐倒罐操作需要两人及以上进行作业，一人操作一人监护。

（2）作业人员穿防静电工作鞋，戴防护面罩、橡胶手套、安全帽，携带便携式氨气泄漏报警仪，携带防毒面具。

（3）操作人和监护人进入氨区前，应在控制室检查储罐、蒸发器、缓冲罐远传压力、温度、液位无异常，无报警信号。应先观察远方和就地风向标的指向，确定逃生路线。

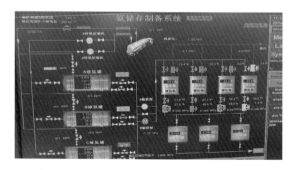

（4）检查便携式氨泄漏报警仪是否完好，可用测量瓶装氨水的方法进行检查。

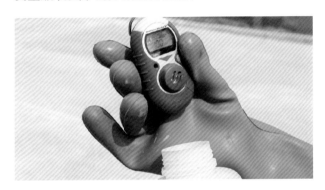

（5）检查氨区消防水压力正常，指针指在绿色区域。

（6）进入氨区前，应在出入口触摸静电释放装置释放静电。

（7）检查确认液氨槽车卸氨至液氨储罐一次门关闭。液氨储罐回气至液氨槽车二次门关闭。

（8）打开卸氨气液相连通门。确认液氨充装罐氨气出口快关门前截门、后截门开启。

（9）打开卸氨储罐倒罐气相一、二次手动门。打开卸氨储罐倒罐连通门。打开液氨充装罐倒罐连通门。

（10）用便携式氨气泄漏报警仪检查卸氨罐和充装罐连通管道无泄漏。

（11）确认卸氨罐液氨入口气动门关闭。打开充装罐氨气出口气动快关门。

（12）确认卸氨压缩机旁路门关闭。检查卸氨压缩机达到启动条件。

（13）缓慢打开卸氨压缩机进口手动门、出口手动门，确认四通阀指向"正位"。

（14）卸氨压缩机送电后启动，开始倒罐。在卸氨压缩机启动后，检查进口压力小于1.6MPa，出口压力小于2.4MPa，出口温度小于110℃，注意检查压缩机出口压力与卸氨储罐压差不大于0.3MPa。

（15）当液氨充装储罐液位高度达到85%（高报警）或卸氨储罐倒空时，停止卸氨压缩机并停电，关闭卸氨压缩机进口手动门、出口手动门。

（16）关闭充装罐和卸氨罐倒罐连通手动门。关闭充装罐气氨出口气动快关门。关闭卸氨气液相连通手动门。

（17）开启卸氨管道排放手动门。开启液相管道排放门，液相管道消压后关闭液相管道排放门。开启气相管道排放门，气相管道消压后关闭气相管道排放门。关闭卸氨管道排放门。

四、设备系统氮气置换

（1）打开氮气至氨系统手动门。

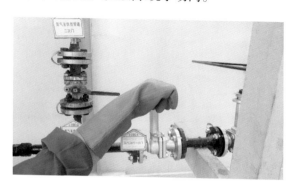

（2）打开氮气至液氨罐、液氨蒸发器、缓冲罐、液氨管道、气氨管道的手动门。

（3）调节氮气瓶出口压力分别为0.5、1.0、1.5MPa，分三次向液氨储罐、氨气蒸发器、氨气缓冲罐、卸氨压缩机及管道充氮，从排污管进行排放，利用氧检测仪检测排气氧含量小于2%，氮气置换完毕。

（4）系统压力降至0.05MPa以下方允许系统充氨。

五、液氨储罐投运操作

（1）进入氨区开始操作前，应先观察风向标的指向，确定异常情况下的逃生方向。

（2）操作人员必须穿轻型防化服、佩戴防护眼镜、耐酸碱防护手套，携带便携式氨气泄漏报警仪，操作现场配备自吸式过滤防毒面罩。

（3）用便携式氨泄漏报警器测量瓶装氨水，查看显示数值，超过 $31.25mg/m^3$ 应报警，检查氨区消防水压力在正常值，试验消防水炮、消防喷淋、紧急冲洗装置出水正常。

（4）投运氨气系统，投入在线表计、安全阀、压力表、流量表、温度表，投入液氨蒸发器、液氨储罐、液氨管道、缓冲罐、氨气稀释罐液位计。

（5）检查液氨储罐液位高于 0.3m，液氨蒸发器已充水，液位不低于 0.7m，氨气稀释罐液位不低于 1.4m，废水池液位不高于 1.2m，压缩空气压力不低于 0.50MPa，检查消防报警系统已投入运行，消防水压力不小于 0.5MPa，消防通道畅通，检查蒸汽管道已经疏水结束，供汽门（气门）已开启，蒸汽压力 0.8MPa。

（6）启动液氨蒸发器，开启液氨蒸发器蒸汽入口调门前截门、后截门，开启液氨蒸发器蒸汽入口旁路门，观察液氨蒸发器水温上涨至 40℃，关闭液氨蒸发器蒸汽入口旁路门，将液氨蒸发器蒸汽入口调节门投入自动运行，液氨蒸发器水温自动控制在 80℃。

（7）开启液氨储罐液氨出口手动门、快关门前截门、后截门，开启液氨出口过滤器前截门、后截门，开启液氨泵旁路门，开启液氨蒸发器液氨入口快关门前截门、后截门，开启液氨蒸发器气氨出口快关门前截门、后截门，开启氨气缓冲罐氨气入口门、出口门。

（8）开启液氨储罐液氨出口快关门，开启液氨蒸发器气氨出口快关门，稍开液氨蒸发器气氨出口调节门，开启液氨蒸发器气氨出口快关门，逐渐开大液氨蒸发器气氨出口调节门，控制氨气缓冲罐氨气压力在 0.3MPa 左右后将气氨出口调节门投入自动。

六、液氨设备监视

（1）氨区一般按照无人值班进行设计，需要监视的主要参数包括：液氨罐的液位、压力、温度，缓冲罐的压力、温度，液氨蒸发器的压力、温度等，均应通过 DCS 远传至控制室。（正常运行时，液氨罐液位处于300~2250mm之间，压力不大于1.29MPa，温度不高于36℃；液氨蒸发器液位大于400mm，温度不高于90℃；蒸发器出口氨气温度不低于45℃；氨气缓冲罐出口压力维持在0.2~0.4MPa）

（2）现场安装的固定式氨气泄漏报警仪信号，应通过DCS远传至控制室，便于人员及时发现异常。

（3）运行人员按照定期巡检的要求，每两小时对氨区设备进行巡视，测定空气中氨气含量（氨气含量不得超过31.25mg/m³），有液氨接卸等重大操

作，由运行人员就地进行操作。

（4）氨区应设置能覆盖液氨罐区、蒸发区、接卸区的视频监视系统，对设备系统实现全面监控，所有信号全部远传至工程师站和远方集控室，实现24h不间断监控，及时发现设备异常。

第四章 液氨系统检修管理

一、设备系统水压试验

设备系统第一次投运前应进行水压试验，当使用部门、特种设备监督部门认为需要时，也可进行水压试验，确保设备的可靠性。

（1）确定待试验的液氨罐，关闭待检罐的液氨进料液相手动阀、气动阀，检查、关闭待检罐供氨管道手动阀、气动阀；关闭罐体排污手动阀、气动阀，关闭液氨罐气相出口手动阀、气动阀，关闭待检罐与其他液氨罐的联通手动门、气动阀。

（2）拆除罐体上部压力表，打开压力表根部阀，作为罐体充水的放气门。用外接水泵通过液氨罐供氨管道或排污管道往液氨储罐内注水，当罐体上部压力表管冒水时，停止注水，保证罐体充满水，注入罐体的水温度不低于5℃。检查罐体除注水管道外，所有阀门关闭严密。

（3）恢复罐体压力表，确认罐体外表面保持干燥，罐体壁温与液体温度接近，缓慢升压至设计压力 2.32MPa。

（4）确认无泄漏后，继续升至试验压力的1.25 倍，保压 30min。降至试验压力的 80%，保压30min 进行检查，保压超过 30min 无明显的渗漏、变形即为水压试验合格。

（5）液氨蒸发器、缓冲罐的水压试验最高压力为 1.1 倍（需交代清楚）。测试方法同液氨储罐。

二、设备系统气密性试验

（1）系统气密性试验应在水压试验合格并吹扫完毕后进行，气密性试验采用洁净干燥的空气，气体温度不低于 5℃。

（2）液氨储罐气密性试验：首先加压至 0.6MPa初步查漏，然后加压至工作压力的 50% 查漏；无明显漏点和变形后，缓慢加压至工作压力，查漏并保压 24h；前 2h 压力允许下降 0.03MPa，后 22h 允许下降 0.02MPa 为合格。

（3）蒸发器和缓冲罐气密性试验：用压缩空气加压至最高工作压力查漏，保压 12h 不变为合格。

三、压力容器和压力管道校验

氨区的压力管道、液氨储罐、氨气缓冲罐、压缩空气罐均属于特种设备，应按照国家关于特种设备的管理要求，由具备资质的单位进行定期检验，首次投产的，第 3 年进行首次检验，以后每 6 年进行检验。

（1）校验工作应准备有色金属合金工器具，防毒面具，防护眼镜，耐酸碱手套、轻型防化服，便携式氨气泄漏检测仪，氧气浓度检测仪，防爆型电动工器具，如磨光机、角磨机等。

（2）进入氨区进行操作维护的人员必须经教育培训合格，了解液氨相关的特性和自救、互救知识，能够熟练使用便携式氨气泄漏检测仪、氧气浓度检测仪，会使用防毒面具、正压式消防空气呼吸器，持有效的工作票或操作票。

（3）将罐内液位降至最低，关闭待检罐供氨气动阀，打开待检罐排污手动阀、气动阀，将罐内残存的液氨排放至氨气吸收罐，排空罐体，待检罐液位排空后，关闭罐体排污手动门、气动门。

（4）检查、关闭待检罐的液氨进料液相手动阀、气动阀关闭严密，检查、关闭待检罐供氨管道手动阀、气动阀；检查罐体排污手动阀、气动阀关闭严密，检查液氨罐气相出口手动阀、气动阀关闭严密，检查待检罐与其他液氨罐的联通手动门、气动阀关闭严密。

（5）在上述靠近罐体侧阀门远端法兰处加装堵板（排污手动阀除外，此处作为置换充水门）。

（6）拆除待检罐排污管道远端手动阀，加装临时水冲洗管道，准备对待检罐注水。

（7）第一次充水：缓慢打开液氨罐排污手动门（临时充水门）向罐内充水，打开罐顶部排空门（原就地压力），注意罐内压力和温度变化，若罐内温度过高应打开降温喷淋进行降温。充水至液位计1/3处停止充水，开排污门排掉。排水时要开稀释水进行稀释，并及时将氨水排至废水池。

（8）第二次充水：继续向罐内充水至满罐，放置24h后将水排掉。开稀释水进行稀释，并及时将氨水排至废水池。

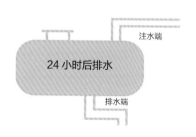

（9）蒸煮：打开人孔门，向罐内充水至1/3处，向待检罐内通入蒸汽进行加温，控制水温在50℃左右保持12h。用检测仪在人孔门处测量氨气

浓度 ≤ 31.25mg/m³，否则应再蒸煮一遍，直至氨气浓度合格，将水排至废水池。

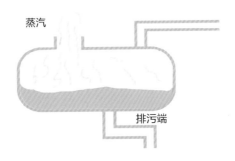

蒸汽

排污端

（10）氮气置换：封闭人孔门，向液氨罐内充水至满水。打开液氨罐排污门，持续向罐内充入氮气，保持罐内压力不低于 0.1MPa，直至将罐内的水排净，检测排放口氨气浓度 ≤ 31.25mg/m³。

（11）空气置换：将压缩空气接入待检罐系统，进行空气置换，检测排放口取样点含氧量应达到 19.5%~21%，完成置换。

（12）打开液氨罐人孔门进行强制通风，并对液氨罐内的氧气浓度、氨气浓度进行检测，当氧气浓度在 19.5%~21%，氨气浓度小于 31.25mg/m^3 时，方可进入罐内作业。

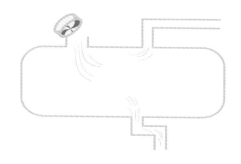

（13）罐内打磨必须办理动火工作票，开工前必须符合以下条件：氧气浓度在 19.5%~21%，氨气浓度小于 31.25mg/m^3；罐内温度低于 40℃；使用 12V 以下的充足照明；使用 24V 以下的电动工具，或使用 II 类手持电动工器具；打磨作业期间应利用轴流风机进行强制通风，人员必须佩戴防护眼镜和防尘口罩。

（14）确认管道及液氨罐内无杂物后，封闭罐体人孔门、排污门，恢复系统。

四、压力表拆装校验

缓冲罐、蒸发器、液氨储罐及管道上的压力表属于 A 类表计，应按规定半年进行一次校验，测温表参照相应压力表每半年检定一次，压力表、温度表的检定可以委托具有资质的单位进行，也可由取得资质的本单位人员进行校验。氨区其他部位的压力表、温度表宜每年进行一次校验。

（1）仪表拆装校验人员必须穿轻型防化服、佩戴防护眼镜，耐酸碱防护手套，携带便携式氨气泄漏报警仪，操作现场配备自吸式过滤防毒面罩。

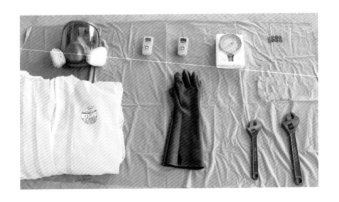

（2）开始操作前，应先观察风向标的指向，确定异常情况下的逃生方向，用便携式氨泄漏报警器测量瓶装氨水，查看显示数值，超过 $31.25mg/m^3$ 应报警。检查氨区消防水压力在正常值，试验消防水炮、消防喷淋、紧急冲洗装置出水正常。

（3）拆装仪表必须用有色金属合金工器具，准备好合格的压力表密封垫圈，备用的压力表，便携式氨气泄漏报警仪，将工业水管接至拟更换的压力表处。

（4）拆卸压力表前，一人用水喷淋该压力表，另一人用铜制活动扳手按拆卸方向拆压力表，当卸

至压力表与接头松动时，用手轻微晃动压力表泄掉表内余压，观察压力表指示和测量松动处无氨气释放，停止水喷淋。若接头处氨气含量始终超标，一人用水喷淋该压力表，另一人用铜制活动扳手按安装方向紧固压力表，测量松动处无氨气释放，停止作业，查明原因。

（5）表内余压释放完成后，一人用手边拧边轻微晃动压力表，卸下压力表，清除原密封垫；另一人测量拆卸点氨气浓度。

（6）放置不锈钢缠绕石墨或聚四氟乙烯密封垫，用手扶正压力表找正，把压力表安装在接头上，旋转几丝，用固定扳手和活动扳手上紧压力表。

（7）缓慢打开根部阀，查看压力表盘应无指示，测量压力表及接头处等部位氨气浓度，浓度超标，重新关闭一次门，打开压力表活结，重新更换或调整垫圈，再重新安装压力表。

（8）打开一次门，检查压力表指示正常；测量压力表及接头处等部位无氨气泄漏；回收、清理工具及作业现场。

五、安全阀校验

液氨罐、液氨蒸发器、氨气缓冲罐、压缩空气罐的安全阀应每年进行校验。一般采取拆除待检的安全阀，更换已经校验合格的安全阀的方法进行。液氨罐安全阀一般采取双阀并联的形式，拆除时应逐个进行，待一个安全阀拆除更换完成后，再进行另一个安全的拆除更换。

（1）工作人员必须穿轻型防化服，佩戴防护眼镜、耐酸碱防护手套，携带便携式氨气泄漏报警仪，操作现场配备自吸式过滤防毒面具。

（2）用便携式氨泄漏报警器测量瓶装氨水，查看显示数值，超过 $31.25mg/m^3$ 应报警，检查氨区消防水压力在正常值，试验消防水炮、消防喷淋、紧急冲洗装置出水正常，进入氨区前，应先观察风向标的指向，确定异常情况下的逃生方向。

（3）工作开工前应准备有色金属合金工器具，合格的安全阀密封垫圈，准备更换的安全阀，将工业水管接至拟更换的安全阀处。

（4）将待拆除安全阀的液氨罐液位、压力降至低值（液位 0.2m，压力 0.6MPa），关闭安全阀入口门，准备拆除安全阀螺栓，操作时，人员不得正对法兰盘，应在上风侧进行操作，一人用水喷淋安全阀螺栓处，另一人进行操作。

（5）操作人员应先将离身体远的螺栓拧松，再将靠近身体一侧的螺栓略微拧松，使残存的氨气从对面缝隙排出；测量法兰松开处氨气是否超标，如不超标，停止水喷淋，松开全部螺栓。

（6）如法兰处氨气超标，持续进行水喷淋，查找原因，检查安全阀入口阀是否关闭到位，否则应略开阀门再进行关闭操作，确保阀门关闭严密；测量法兰松开除氨气量合格后，拆除全部螺栓，取下安全阀。

（7）清除法兰处的旧密封垫圈，更换新的金属缠绕垫，装上新安全阀，紧固安全阀螺栓时，应按对角线顺序进行紧固。

（8）打开安全阀入口门，测量安全阀法兰处无氨气泄漏；回收、清理工具及作业现场。

六、接地电阻测量

按照《建筑物防雷装置检测技术规范》（GB/T 21431—2015）的要求，每半年应对防雷装置进行检测，雷雨季节前必须进行检测，检测可委托具有资质的单位进行。氨区单独避雷器的接地阻值应小于 10Ω，氨区接地网接地阻值应小于 4Ω。

氨区防雷检测程序：

（1）避雷器接地电阻测量应由取得相应资质的人员进行；进入氨区不得携带打火机等火种，手机、摄像器材等非防爆电子设备必须关机，进入氨区前应先以手触摸静电消除器，消除人体静电。

（2）检测前应对避雷器进行外观检查，无明显的锈蚀，接地网无锈蚀、开焊现象。

（3）断开避雷器与接地网的断接卡，清理断接卡处的锈迹、油污等，确保导通良好，清理时不准产生火花。

（4）使用接地电阻表测量避雷器本体的接地电阻，开始测量前应确保电阻表与避雷器本体、测量电极可靠连接，防止出现电火花，避雷器接地电阻合格值应小于10Ω。

（5）使用接地导通电阻测试仪测量避雷器接地网的导通电阻，将接地导通电阻测试仪与避雷器接地网可靠连接，对接地网的导通情况进行测试，接地网的导通电阻应小于4Ω。

（6）检测结束后，将接地线与避雷器本体重新连接，监测工作结束。具体的检测方法，根据检测仪器的不同，依据说明书进行检测。

七、阀门或管道更换

阀门或管道的更换，应遵循隔离、冲洗、置换、检测的原则进行。

（1）作业开工前，应用便携式氨泄漏报警器测量瓶装氨水，查看显示数值，超过 $31.25mg/m^3$ 应报警，检查氨区消防水压力在正常值，试验消防水炮、消防喷淋、紧急冲洗装置出水正常，进入氨区前，应先观察风向标的指向，确定异常情况下的逃生方向。

（2）工作人员应穿防氨渗入、防静电的化学防护服及橡胶靴，戴耐酸碱手套，佩戴面罩或护目镜，携带便携式氨泄漏报警仪，现场配备自吸过滤式防毒面具。

（3）工作人员应准备好有色金属合金工器具、合格的金属缠绕垫、便携式氨气泄漏报警仪，将工业水管接至拟更换的阀门或管道处。

（4）隔离。将拟更换的阀门或管道两侧的气动门、手动门关闭，进行有效隔离，必要时加装堵板。

（5）泄压。打开已隔离管道或阀门所处位置的排污门或压力表门将残存的氨气排放至氨气稀释罐。

（6）冲洗置换。通过将排污门或压力表门将水充入已隔离的管道进行氨气吸收置换。

（7）检测。检测经充水置换的管道或阀门系统氨气含量小于 31.25mg/m³，方可进行拆除阀门或管道的法兰。

（8）拆除法兰螺栓时，人员不得正对法兰盘，应在上风侧进行操作，一人用水喷淋安全阀螺栓处，另一人进行操作，先将离身体远的螺栓松开，再将靠近身体侧的（身体一侧的）螺栓略松，使残存的水汽从对面缝隙排出。

（9）测量法兰松开处氨气是否超标，如不超标，停止水喷淋，松开全部螺栓；测量法兰松开处氨气量合格后，拆除全部螺栓，取下阀门或管道。

（10）清除法兰处的旧密封垫圈，更换新的金属缠绕垫，装上新的阀门或管道，紧固螺栓时，应按对角线顺序进行均匀紧固。

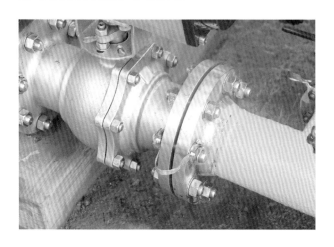

（11）经氮气置换合格后，恢复系统，检测法兰处无氨气泄漏；回收、清理工具，清点人员后撤离作业现场。

八、设备防腐

氨区设备系统的防腐，应按照分区域施工的原则，逐项开展，不得同时进行大面积的防腐施工工作，压力管道、容器应进行隔离、消压、置换合格后方可进行施工。工作期间，工作区域必须由人员携带一台便携式氨气泄漏报警仪，随时监测空气中的氨气含量。

防腐施工使用的油漆、防火涂料应满足耐腐蚀的要求，材料必须放置在氨区以外，氨区内严禁储存油漆、防火涂料。氨区钢构架的防腐，耐火等级必须达到二级。

（1）每日防腐作业开工前，应用便携式氨泄漏报警器测量瓶装氨水，查看显示数值，超过 $31.25mg/m^3$ 应报警，检查氨区消防水压力在正常值，试验消防水炮、消防喷淋、紧急冲洗装置出水正常，进入氨区前，应先观察风向标的指向，确定异常情况下的逃生方向。

（2）防腐施工人员应穿防静电工作服，佩戴防护手套和防护眼镜，现场配备自吸过滤式防毒面具。

（3）携带进入氨区的移动电源盘、角磨机、磨光机必须是防爆型，电源线中间不准有接头，使用的磨刷必须是铜合金丝材质。

第五章　应急管理

　　发电厂液氨罐区及氨气系统，管道、法兰焊口以及各类表计的活结、阀门容易发生泄漏，一旦发生液氨或氨气泄漏，处理不当，会造成人员伤亡事件。

　　设备隔离、消压等操作，应以远方操作为主，不得已时，方可进行就地操作。现场处置人员进入氨区必须先观察风向，从上风向进入氨区。

　　（1）发生泄漏的应急处置以人员安全为首要任务，当出现危及人身安全的情形时，应迅速组织人员撤离。

　　（2）出现液氨泄漏应根据泄漏情况设置隔离区，轻微泄漏初始隔离区为30m，下风向隔离距离100m（夜间200m），当出现大量泄漏时，初始隔离距离150m，下风向隔离距离800m（夜间2000m）。

（3）发生氨泄漏事件，应第一时间检查确认消防喷淋系统已经启动，否则立即手启，对泄漏点进行初步隔离。

（4）液氨泄漏应由专业人员处理，现场处理人员不得少于2人，严禁单独行动，处理人员应穿重型防化服、使用正压式呼吸器，在消防水炮和开花水枪的掩护下，确定泄漏点的位置，泄漏点确定后，由运行人员立即关闭相关阀门，切断泄漏源，防止氨继续外漏。利用消防喷淋系统进行水稀释、吸收泄漏的液氨和氨气，防止氨气扩散。

（5）氨泄漏引起着火时，不可盲目扑灭火焰，必须遵循"先控制、后消灭"的原则，首先设法切断气源，再灭火。若不能切断气源，则禁止扑灭泄漏处的火焰，必须用喷水进行冷却。

（6）不能隔离的泄漏，可进行倒罐。倒罐应急操作需要四人及以上进行作业，就地一人操作一人监护，远方控制室一人操作一人监护，就地操作人员和监护人必须穿重型防化服、使用正压式呼吸器，携带便携式氨气泄漏报警仪。

（7）当无法进行倒罐时，可远方启动消纳系统进行液氨的消纳吸收，尽快减小液氨泄漏的危险。

（8）液氨泄漏或现场处置过程中伤及人员的，按以下原则紧急处理：

1）人员吸入液氨时，应迅速转移至空气新鲜处，保持呼吸通畅。如呼吸困难或停止，立即进行人工呼吸，并迅速就医。

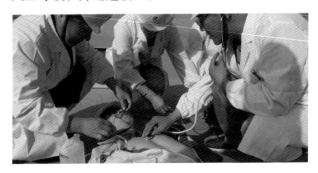

2）皮肤接触液氨时，立即脱去污染的衣物，用医用硼酸或大量清水彻底冲洗，并迅速就医。

3）眼睛接触液氨时，立即提起眼睑，用大量流动清水或生理盐水彻底冲洗至少15min，并迅速就医。

第六章　事故案例

液氨泄漏、爆炸事故，会造成生命财产的巨大损失，近年来多次发生的事故，给我们的安全生产敲响了警钟。

案例 1

2009 年 8 月 5 日，某市制药厂内，一辆外埠液氨槽罐车在卸车过程中卸车金属软管突然破裂，导致液氨发生泄漏，造成 246 人受伤，其中 21 人中毒。

案例 2

2011 年 8 月 28 日，某县某产品公司液氨制冷管道发生爆裂，致使液氨泄漏，造成 4 人死亡，4 人受伤。

案例 3

2012 年 10 月 22 日，某市水产公司发生氨气泄漏事故，导致 479 人中毒，1000 多名群众被紧急疏散，事故原因是冷却器螺旋盘管老化断裂。

案例 4

2013 年 11 月 28 日 21 时，某市食品有限公司一台单机出现液氨泄漏，共造成 7 人死亡，1 人危重，3 人较重，2 人轻伤。

案例 5

2013 年 6 月 3 日，某市某发电公司因液氨系统泄漏发生特别重大火灾爆炸事故，导致 121 人遇难、76 人受伤，直接经济损失高达 1.8 亿元。事故教训之惨痛，损失之巨大，举国震惊。

案例6

2013年8月31日中午11点多，某市冷藏库发生液氨泄漏事件。造成15人死亡，30多人受伤。

案例7

2016年11月8日9时40分，某市某发电有限公司在技改工程管道施工时，违章在氨水储罐顶部进行动火作业施工，引发氨气爆炸，造成5人死亡，6人受伤，直接经济损失约1000万元。